BEI GRIN MACHT SICH IHR WISSEN BEZAHLT

- Wir veröffentlichen Ihre Hausarbeit,
  Bachelor- und Masterarbeit

- Ihr eigenes eBook und Buch -
  weltweit in allen wichtigen Shops

- Verdienen Sie an jedem Verkauf

Jetzt bei www.GRIN.com hochladen
und kostenlos publizieren

Sven-David Müller

Trennkost - ein Überblick

GRIN Verlag

Bibliografische Information der Deutschen Nationalbibliothek:

Die Deutsche Bibliothek verzeichnet diese Publikation in der Deutschen National-
bibliografie; detaillierte bibliografische Daten sind im Internet über http://dnb.d-
nb.de/ abrufbar.

Dieses Werk sowie alle darin enthaltenen einzelnen Beiträge und Abbildungen
sind urheberrechtlich geschützt. Jede Verwertung, die nicht ausdrücklich vom
Urheberrechtsschutz zugelassen ist, bedarf der vorherigen Zustimmung des Verla-
ges. Das gilt insbesondere für Vervielfältigungen, Bearbeitungen, Übersetzungen,
Mikroverfilmungen, Auswertungen durch Datenbanken und für die Einspeicherung
und Verarbeitung in elektronische Systeme. Alle Rechte, auch die des auszugsweisen
Nachdrucks, der fotomechanischen Wiedergabe (einschließlich Mikrokopie) sowie
der Auswertung durch Datenbanken oder ähnliche Einrichtungen, vorbehalten.

Impressum:

Copyright © 2011 GRIN Verlag GmbH
Druck und Bindung: Books on Demand GmbH, Norderstedt Germany
ISBN: 978-3-640-87979-3

Dieses Buch bei GRIN:

http://www.grin.com/de/e-book/169561/trennkost-ein-ueberblick

GRIN - Your knowledge has value

Der GRIN Verlag publiziert seit 1998 wissenschaftliche Arbeiten von Studenten, Hochschullehrern und anderen Akademikern als eBook und gedrucktes Buch. Die Verlagswebsite www.grin.com ist die ideale Plattform zur Veröffentlichung von Hausarbeiten, Abschlussarbeiten, wissenschaftlichen Aufsätzen, Dissertationen und Fachbüchern.

Besuchen Sie uns im Internet:

http://www.grin.com/

http://www.facebook.com/grincom

http://www.twitter.com/grin_com

Trennkost aus ernährungswissenschaftlicher Sicht

In jedem Frühjahr beginnt für viele Menschen die Diätsaison. Nur wenige Diätkonzepte zur Beherrschung von Übergewicht und Adipositas sind wissenschaftlich begründet. Der Ernährungswissenschaftler Dipl. oec. troph. Thomas Reiche aus Köln hat unter Mitarbeiter von Sven-David Müller, M.Sc., Marburg, die so genannte Trennkost ernährungswissenschaftlich bewertet. Trennkost gehört zu den alternativen Ernährungsformen.

Alternative Ernährungsformen

Alternative Ernährungsformen, wie die *Hay'sche Trennkost*, sind in aller Munde: Wurden Menschen, die sich *alternativ* ernähren, noch vor einigen Jahren als *Freaks* oder *ideologische Weltverbesserer* abgetan, sind sie heute in allen Gesellschaftskreisen verbreitet und akzeptiert. Unter *Alternativen Ernährungsformen* sind langfristig praktizierbare Kostformen zu verstehen, die von der üblichen Durchschnittsernährung teilweise grundsätzlich abweichen, und nicht mit (Reduktions-)Diäten und kurzfristigen Kuren (z. B. Mayr- und Schroth-Kur) zu verwechseln sind [1]. Nach ihrer Entstehungszeit lassen sie sich in drei Gruppen einteilen:

▶ Antike: Vegetarismus, Ernährung im Ayurveda, Chinesische Ernährungslehre und Makrobiotik.
▶ Ende 19. Jahrhundert: Anthroposophische Ernährungslehre und *Hay'sche Trennkost*.
▶ Gegenwart: Vollwert-Ernährung, Rohkost-Ernährung und Harmonische Ernährung.

Auch wenn, aufgrund fehlender wissenschaftlicher Untersuchungen, keine genauen Zahlen über alternative Esser existieren, ist unstrittig, dass deren Anzahl zunimmt. Lediglich zu der mit etwa drei bis sechs Millionen Menschen quantitativ bedeutendsten Form, dem Vegetarismus, existieren zahlreiche Studien: Sie belegen, dass eine vielseitige pflanzliche Kost unter Einbeziehung von Milch, Milchprodukten und Eiern viele gesundheitliche Vorteile mit sich bringt. So haben Vegetarier seltener Adipositas, Bluthochdruck und in der Regel günstigere Blutcholesterinwerte als Mischköstler. Durch die pflanzliche Kost fällt die Aufnahme von gesättigten Fettsäuren, Cholesterin und Purinen niedriger aus als bei Mischköstlern, die Zufuhr von komplexen Kohlenhydraten, Ballaststoffen, bestimmten Vitaminen und Mineralstoffen sowie sekundären Pflanzenstoffen dagegen ist deutlich erhöht. Diese gesündere Ernährungsweise der Vegetarier führt zu einem geringeren Risiko für ernährungsabhängige Krankheiten einschließlich Herzinfarkt und Krebs, und damit letztlich zu einer höheren Lebenserwartung als bei vergleichbaren Mischköstlern [1]. Alternative Kostformen weisen viele Gemeinsamkeiten auf (siehe Tab. 1). Fast alle sind vegetarisch orientiert und legen großen Wert auf die Qualität der Lebensmittel.

Tab. 1: Gemeinsame Merkmale alternativer Ernährungsformen
(Quelle: Mod. nach [1-3])

Ernährungsweise	vegetarisch (überwiegend oder ausschließlich pflanzliche Lebensmittel) • Vergleich der anatomischen und physiologischen Merkmale von Menschen mit typischen Pflanzen- und Fleischfressern aus dem Tierreich (z. B. Aufbau von Gebiss und Darm, Unfähigkeit zur Vitamin-C-Synthese) ➜ geeignete (artgerechte) Ernährungsweise des Menschen war/ist vegetarisch orientiert
Anbau	Bevorzugung von Produkten aus ökologischer Landwirtschaft • aktiver Beitrag zum Umweltschutz: z. B. niedrigerer Energieverbrauch, verminderte Schadstoffbelastung des Oberflächen- und Grundwassers • möglicherweise besserer Geschmack und höherer Nährstoffgehalt
Lebensmittelauswahl	Bevorzugung heimischer Lebensmittel (regionale und saisonale Produkte) • Vermeidung des Energieverbrauchs sowie der Lärm- und Abgasbelastung durch Transport von Lebensmitteln über große Entfernungen • Optimaler Nährstoffgehalt und natürlicher Geschmack der Lebensmittel
Verarbeitung	so werterhaltend wie möglich • Verarbeitung nur in dem Maße, wie es zur Gewährleistung der Genussfähigkeit und Bekömmlichkeit angemessen ist • „vollwertige" Lebensmittel besitzen annähernd den Wert des Ausgangsproduktes
Zubereitung	so schonend wie möglich

Gründe für die wachsende Beliebtheit alternativer Kostformen dürften das steigende Gesundheitsbewusstsein in der Bevölkerung, die begrenzte Belastbarkeit des Gesundheitssystems und die Suche nach alternativen Wegen in der Vorbeugung und Behandlung von Krankheiten sein. Hier ist vor allem an die wachsende Anzahl von Erkrankungen des Verdauungssystems, bösartiger Tumore, Rheumatische Erkrankungen und Gicht sowie Allergien zu denken. Trotz aller Fortschritte in der schulmedizinischen Therapie bleiben viele dieser Krankheiten nach wie vor kaum beeinflussbar. Im Folgenden werden Entstehung und Prinzipien der Hay'schen Trennkost vorgestellt, um anschließend eine Bewertung dieser alternativen Ernährungsform aus ernährungsphysiologischer Sicht vornehmen zu können.

Historische Grundlagen der Hay'schen Trennkost

Begründer der Hay'schen Trennkost ist der amerikanische Arzt *Dr. William Howard Hay* (1866-1940), der an einer als unheilbar geltenden Bright'schen Nierenerkrankung (Schrumpfniere) und starkem Übergewicht (110 Kilogramm) litt. Aus diesem Anlass entwickelte er sein 1907 erstmals veröffentlichtes Konzept der Trennkost. Während seiner Krankheit inspirierten ihn Berichte über die körpereigenen Heilkräfte des im Himalaya lebenden Hunza-Volkes. Die Nahrungsgrundlage dieser Volksgruppe bildeten ausschließlich naturbelassene Lebensmittel wie Gemüse, Früchte, Nüsse, Brot aus vollem Korn, Milch und Käse. Zusätzlich sorgte die tägliche Feldarbeit für reichlich Bewegung. Diese Kostform wurde zum Ausgangspunkt der Ernährungslehre von Hay, die er mit einer grundsätzlichen Kritik an der Technikgläubigkeit der modernen Industriegesellschaft verband. So führte er die Zivilisationskrankheiten wie Gicht, Rheuma, Verstopfung, Darmentzündung, Magengeschwüre, Gallensteine und Asthma auf eine Missachtung der Naturgesetze zurück. Ab sofort ernährte sich Hay nur noch mit naturbelassenen, vollwertigen Lebensmitteln und gesundete nach eigenen Angaben vollständig. In Deutschland und Europa verbreitete der Homburger Arzt *Dr. Heinrich Ludwig Walb* (1907-1992) Hays Ernährungsgrundsätze in leicht abgewandelter Form in seiner eigenen Klinik. Seit 1989 sorgt Walbs Mitarbeiter und Nachfolger als Klinikchef, *Dr. Thomas Heintze*, für die weitere Verbreitung von Hays Ernährungskonzept. Schätzungen zufolge beträgt die Zahl der Trennköstler hierzulande zwischen ein und fünf Millionen [1, 4].

Prinzipien

Kernpunkt der Hay'schen Trennkost ist die Trennung, d. h die zeitlich versetzte Aufnahme, von proteinreichen und kohlenhydratreichen Lebensmitteln. Sie basiert auf Hays „chemischen Verdauungsgesetzen", nach denen Proteine und Kohlenhydrate im menschlichen Verdauungstrakt nicht gleichzeitig optimal aufgespalten und resorbiert werden können. Er begründete diese Annahme damit, dass protein- und kohlenhydratspaltende Enzyme unterschiedlich wirken: Pepsin benötige zur Proteinspaltung ein saures Milieu, während die Verdauung von Kohlenhydraten (Stärke) mit Hilfe von Ptyalin im basischen Milieu ablaufe. Da jedoch der Magen nicht gleichzeitig sauer und basisch sein könne, gelänge bei einer Mahlzeit, die sowohl Proteine als auch Kohlenhydrate enthält, der Kohlenhydratanteil (Stärkemehle) unverdaut in den Dünndarm, wo er zu gären und zu faulen begänne. Eine weitere Theorie von Hay lautet, dass die übliche „westliche" Mischkost eine „Übersäuerung" des Körpers verursacht. Dieser Säureüberschuss im Organismus könne die geringen basischen Reserven leicht erschöpfen und die Entstehung von Zivilisationskrankheiten wie Gicht und Rheuma bis hin zu Herzinfarkt und Krebs fördern [1, 8]. Zudem könne das Gehirn keine funktionellen Höchstleistungen mehr erbringen, was schlechte Urteilskraft, mangelndes Konzentrationsvermögen und Müdigkeit zur Folge habe. Eine solche „Übersäuerung" hat nach Hay vier Hauptgründe:

▸ Unnatürliche Lebensmittel: „Zuviel an raffinierten und denaturierten Kohlenhydraten", wie Weißmehl, Weißbrot, Zucker und polierter Reis,

▸ „zuviel an Protein und Kohlenhydraten",

▸ „verzögerte Verdauung", vor allem weil rohes Gemüse und Vollkornprodukte in der Nahrung fehlen,

▸ „falsche Zusammensetzung der Nahrung", d. h. kohlenhydrat- und proteinreiche Nahrungsmittel in einer Mahlzeit [1].

▸

Um dies zu vermeiden, müsse man etwa dreimal mehr basenbildende als säurebildende Nahrung aufnehmen (siehe Tab. 2).

Tab. 2: Einteilung der Lebensmittelgruppen in Säure- und Basenbildner
(Quelle: Mod. nach [1, 5])

stark säurebildend	schwach	schwach	stark
Fleisch, Wurst, Fisch	Quark, Sahne	Trockenobst	Gemüse
Eier, Käse	Fette, Öle,	Rohmilch	Frisches Obst
Süßwaren,	Nüsse	Pilze	Kartoffeln,
Weißmehlprodukte	Vollkornprodukte		Blattsalat
Alkohol, Kaffee			

Für die von *Walb* und *Heintze* modifizierte Form der Hay'schen Trennkost gelten die folgenden Richtlinien:

▶ Naturbelassene, möglichst wenig verarbeitete Lebensmittel ohne Zusatzstoffe verwenden.

▶ Innerhalb einer Mahlzeit konzentrierte Proteinnahrung von konzentrierter Kohlenhydratnahrung trennen.

▶ Gemüse, Obst, Salate, Fette und Öle sowie Nüsse gelten als neutrale Lebensmittel, die sich mit proteinreichen oder kohlenhydratreichen Lebensmitteln mischen lassen.

▶ Bevorzugung basenbildender Nahrung: 75 Prozent vorwiegend rohe Basenbildner und nur 25 Prozent Säurebildner verwenden.

▶ Sowohl extrem proteinreiche als auch extrem kohlenhydratreiche Lebensmittel meiden, da sie die „Übersäuerung" des Körpers fördern.

▶ Morgens ist eine „Basenmahlzeit" einzunehmen, die Proteinmahlzeit sollte am Mittag (bis 15 Uhr), die Kohlenhydratmahlzeit abends verzehrt werden, jedoch nicht nach 18 Uhr.

▶ Zwischen den Mahlzeiten sollten drei bis vier Stunden Pause liegen.

▶ Der Verzehr von Fleisch soll 100 Gramm und der von Fett 30 bis 60 Gramm pro Tag nicht überschreiten [4, 6, 7].

Milch ist in der Hay'schen Trennkost in jeder Form verwendbar. Zusammen mit saurem Obst und Gemüse soll diese „Basennahrung" Giftstoffe ausschwemmen. Neben allen stark verarbeiteten Produkten sollen auch getrocknete Hülsenfrüchte und Erdnüsse wegen ihres hohen Protein- und Kohlenhydratgehalts, Kaffee, Tee, Kakao, Alkohol, scharfe Gewürze (z. B. Senf, Ingwer, Meerrettich) und verschiedene andere Lebensmittel wie Rhabarber und Preiselbeeren gemieden werden.

Bewertung aus ernährungsphysiologischer/ernährungswissenschaftlicher Sicht

Da es kaum möglich ist, den ganzheitlich-philosophischen Hintergrund Alternativer Ernährungsformen wie der Hay'schen Trennkost naturwissenschaftlich zu bewerten, erfolgt die Bewertung hier ausschließlich nach ernährungsphysiologischen Vor- und Nachteilen. Danach sind die der Hay'schen Trennkost zugrunde liegenden Annahmen wissenschaftlich nicht begründbar, teilweise sogar seit langem von der Ernährungswissenschaft widerlegt. Dies betrifft in erster Linie die Forderung, protein- und kohlenhydratreiche Lebensmittel getrennt aufzunehmen, die aufgrund der physiologischen Verdauungsvorgänge falsch und sinnlos ist [7]. Der menschliche Organismus ist in der Lage, beide Nährstoffe gleichzeitig zu verdauen. Denn für die

Resorption von Kohlenhydraten und Proteinen ist der Magen nicht primär zuständig. Die Verdauung von Kohlenhydraten beginnt im Mund, wo sie unter dem Einfluss des Enzyms Ptyalin (alpha-Amylase) zu Maltose und Maltodextrinen gespalten werden. Obwohl der Magen keine Enzyme des Kohlenhydratabbaus sezerniert, setzt sich dort dieser Prozess fort, weil sich der pH-Wert des Mageninhalts erst allmählich absenkt und damit die Speichelamylase deaktiviert. Die Verdauung der Proteine startet im Magen mit Hilfe des hier abgesonderten Gemisches aus Salzsäure und Pepsin, das die Proteine jedoch nur in Polypeptide aufspaltet. Hauptort der Nähstoffverdauung ist der Dünndarm. Hier erfolgt – jeweils im basischen Milieu – die Spaltung von Proteinen und Kohlenhydraten durch Proteasen bzw. alpha-Amylase der Bauchspeicheldrüse sowie weiteren in den Dünndarmschleimhautzellen lokalisierten Enzymen [1, 6, 8]. Als weitere Begründung für das Trennprinzip wird angenommen, dass es bei zu hoher Zufuhr an Protein zur vermehrten Bildung von Proteinabbauprodukten (z. B. Harnsäure und Kreatinin) komme, die als „Schlacken" leibliche und seelische Funktionen störten und eine wesentliche Ursache für Zivilisationserkrankungen darstellten. Weil der Organismus aufgenommenes Protein zu Harnstoff abgebaut und die meisten pflanzlichen Proteinquellen sowie Milch und Milchprodukte wenig bis keine Harnsäure enthalten, ist diese Theorie ebenso wissenschaftlich nicht nachvollziehbar wie die giftausschwemmende Wirkung von saurem Obst und Gemüse oder das Abraten von bestimmten Lebensmitteln. Schließlich gehört die These von der extrem säuernden Wirkung raffinierter Kohlenhydrate eher ins Reich der Ernährungsmärchen: Viele Weißmehlerzeugnisse sind schwächere Säurebildner als die entsprechenden Vollkornprodukte, Haushaltszucker weist sogar neutrale Eigenschaften auf. Selbst bei stark säureüberschüssiger Kost, z. B. durch einseitige Proteinkost, ist eine Übersäuerung des Organismus bei intakter Nierenfunktion nicht möglich. Einerseits hält insbesondere der Kohlensäure-Bikarbonat-Puffer des Blutes das Verhältnis von Säuren und Basen in engen Grenzen [1]. Andererseits ist die Ausscheidungskapazität über die Nieren und die Lunge um ein Vielfaches größer als die im Organismus entstehenden Säuren und Basen. Trotz aller unlogischen und unwissenschaftlichen Argumente für das Trennprinzip und die Übersäuerung, stellt sich die Hay'sche Trennkost aus ernährungswissenschaftlicher Sicht als ballaststoffreiche, überwiegend lakto-vegetabile Ernährungsform mit geringem Fett- und ausreichendem Energiegehalt dar, mit welcher der Nährstoffbedarf gedeckt werden kann. Häufige Ernährungsfehler einer durchschnittlichen Mischkost wie übermäßiger Fett- und Zuckerverzehr sowie eine hohe Cholesterinaufnahme werden vermieden. Insgesamt ist die Hay'sche Trennkost, moderat praktiziert, vollwertig. Positive Auswirkungen auf das Wohlbefinden, Senkung der Blutfett- und Blutdruckwerte sowie eine Reduktion des Körpergewichts sind auf die vegetarisch orientierte Ernährungsweise, nicht aber auf das Trennprinzip zurückzuführen. Kritisch anzumerken ist noch, dass die Empfehlung, 75 Prozent basenbildende und 25 Prozent säurebildende Nahrungsmittel aufzunehmen, zu einem geringen Verzehr von Getreide, Hülsenfrüchten, Fisch und Fleisch führt, so dass die Aufnahme von Eisen, Zink und Jod zu gering sein kann [8]. Grundsätzlich gehört die Trennkost aber nicht zu den risikoreichen alternativen Ernährungsformen. Sie kann durchaus zur Ernährungstherapie bei Übergewicht/Adipositas eingesetzt werden. Ein Gewichtsverlust tritt aber nicht durch die Trennung ein, sondern vielmehr durch die Bevorzugung kalorienarmer Lebensmittel und Speisen.

Redaktion: Dipl. oec. troph. Thomas Reiche unter Mitarbeit von Sven-David Müller, M.Sc.

Korrespondierender Autor: Sven-David Müller, Master of Science in Applied Nutritional Medicine, Haddamshäuser Weg 4a, 35096 Weimar an der Lahn, www.dkgd.de

[1] Leitzmann, C., Keller, M. und Hahn, A. (2005): Alternative Ernährungsformen. 2., überarb. Aufl., Stuttgart: Hippokrates.

[2] Körber, K. von, Männle, T. und Leitzmann, C. (2004): Vollwert-Ernährung. 10., vollst. neu bearb. und erw. Aufl., Stuttgart: Haug.

[3] Leitzmann, C. und Michel, P. (1993): Alternative Kostformen aus ernährungsphysiologischer Sicht. Akt. Ernähr.-Med. 18: 2-13.

[4] Keller, M. und Leitzmann, C. (2001): Die Lust am Verzicht. Alternative Ernährungsformen, Teil II. Naturarzt 141 (4): 38-40.

[5] Heintze, T. (1997): Alles über die Hay'sche Trennkost. Niedernhausen: Falken-Verlag.

[6] Heintze, T. und Kasper, H. (2001): Mittags Steak – abends Nudeln? Pro und Contra Hay'sche Trennkost. Naturarzt 141 (1): 14-15.

[7] Kasper, H. (2004): Ernährungsmedizin und Diätetik. 10., neu bearb. Aufl., München: Urban & Fischer.

[8] Hahn, A., Ströhle, A. und Wolters, M. (2005): Ernährung. Physiologische Grundlagen, Prävention, Therapie. Stuttgart: Wissenschaftliche Verlagsgesellschaft.